Direction : Guillaume Arnaud, Guillaume Pô
Direction éditoriale : Emmanuelle Braine Bonnaire
Édition : Juliette Magro et Élodie Condé
Conception de la collection : Jacques Beaumont
Direction artistique : Bleuenn Auffret
Graphisme : Hélène Léonard
Direction de fabrication : Thierry Dubus
Fabrication : Axelle Hosten

57 rue Gaston Tessier, 75166 Paris cedex 19
www.fleuruseditions.com
ISBN : 978-2-2151-6930-7
MDS : 661667

Achevé d'imprimer en septembre 2020
Par Ercom, en Italie
N° d'édition : J20352
Dépôt légal : janvier 2021

Loi n°49-956 du 16 juillet 1949 sur les publications destinées à la jeunesse,
modifiée par la loi n°2011-525 du 17 mai 2011.

Fleurus Éditions s'engage pour la planète : cet ouvrage est imprimé de façon éco-responsable
avec des encres végétales, sur du papier certifié FSC®.

FSC www.fsc.org
MIXTE
Papier issu de sources responsables
FSC® C023419

L'ÉCOLOGIE

Texte :
Emmanuelle Kecir-Lepetit

Illustrations :
Alice Turquois

FLEURUS
www.fleuruseditions.com

LA TERRE, NOTRE MAISON

L'écologie est un mot qui a l'air très sérieux. En grec ancien, cela veut dire : « je connais ma maison ». Et cette maison... c'est la Terre !

C'est la mienne, la tienne et celle de tous les êtres humains ! Mais nous la partageons aussi avec les animaux et les plantes. La Terre est la maison de tous les êtres vivants !

Parce qu'elle contient les quatre éléments essentiels à la vie : de l'air, de l'eau, un sol fertile, et de la chaleur juste comme il faut.

Oui, même en plein Sahara ou dans le désert glacé des pôles ! La Terre rassemble des milieux de vie différents. On les appelle des « écosystèmes ». Les animaux et les plantes qui vivent à chaque endroit sont adaptés à leur milieu.

Non, très solide ! Mais certains écosystèmes sont plus fragiles que d'autres. Si un élément change, ils sont menacés. Par exemple, s'il se met à faire plus chaud, la glace des pôles fond...

Oui, parce que sur Terre, nous sommes tous liés. La disparition d'un animal peut menacer tout un milieu. Par exemple, sans abeilles, qui va butiner les plantes pour qu'elles donnent des graines et des fruits ?

Exactement. Quand on vit dans une maison, on l'entretient pour que tout le monde se sente bien dedans. On ne laisse pas une partie s'écrouler en disant : ce n'est pas grave.

UN HABITANT PAS COMME LES AUTRES

Sur Terre vit une espèce pas comme les autres : nous, les êtres humains ! Quand on s'installe quelque part, on prend beaucoup de place et on essaye de tout améliorer. Mais est-ce qu'on pense aux autres habitants ?

Il y a 10 000 ans **Il y a 800 ans** **Il y a**

À la Préhistoire, les hommes vivaient en cueillant des plantes et en chassant des animaux. Ils faisaient du feu avec du bois et taillaient des outils dans la pierre.

Il y a 10 000 ans, ils se sont mis à cultiver la terre et à élever des animaux. Ils ont bâti des villages, en coupant des arbres et en inventant des outils en métal pour aller plus vite.

Puis ils ont construit des villes et des routes. Mais ils continuaient à se déplacer à cheval. Les moulins et les bateaux fonctionnaient à la force du vent ou de l'eau.

Les animaux, eux aussi, agissent sur la nature. Par exemple, les castors construisent des huttes et des barrages, en coupant le bois des arbres avec leurs dents.

L'être humain fait la même chose, en plus grand : il utilise des matériaux, comme le béton, qui ne sont pas naturels, il coupe des arbres avec des machines et en plus grande quantité.

200 ans **Aujourd'hui**

Depuis 200 ans, ils ont inventé des machines pour se faciliter le travail, des engrais pour faire pousser les plantes plus vite, des voitures, des avions pour voyager plus loin...

Tous ces progrès polluent l'air, l'eau, les sols et grignotent le territoire des autres espèces vivantes. En 2050, on aura peut-être trouvé des solutions pour changer tout cela !

L'AIR QUE TU RESPIRES

Sans l'air, personne ne pourrait respirer ! On ne le voit pas, mais il est partout autour de nous. Et le souci, c'est qu'aujourd'hui il est de plus en plus pollué.

Quand tu respires, tu prends les grains d'oxygène de l'air et tu rejettes des grains de gaz carbonique. Les animaux font la même chose.

L'air forme une enveloppe invisible qui entoure la Terre. On l'appelle aussi « atmosphère ». Il est composé de minuscules gaz, des grains qui s'agitent autour de toi et que tu respires.

Ce sont les plantes, sur terre et dans l'eau, qui fabriquent l'oxygène en absorbant le gaz carbonique. Elles sont indispensables à l'équilibre de la vie sur Terre.

Les usines, voitures, avions et toutes les machines qu'on utilise ! Pour fonctionner, elles brûlent du carburant, fait avec du pétrole et des produits chimiques. Ça produit de la fumée.

Plein de gaz carbonique : l'air en est trop chargé ! Mais aussi d'autres gaz toxiques, de la suie qui se dépose sur les immeubles, les rendant tout noirs, et de vilaines poussières qui peuvent rendre malade.

L'air pollué se déplace avec le vent : il ne disparaît pas, il va ailleurs. Puis la pluie finit par emporter toutes ces saletés : mais alors, elles polluent l'eau et le sol !

Il y a 150 ans, les villes étaient couvertes d'épaisses fumées noires. Les usines fonctionnaient au charbon. Dans les campagnes, l'air était plus pur. Aujourd'hui, les sources de pollution sont différentes mais elles se sont multipliées... Heureusement, il existe des solutions pour moins polluer.

Des filtres équipent les cheminées de certaines usines pour bloquer les poussières et gaz toxiques à l'intérieur.

Des pots avec filtre équipent les voitures. Mais ils ne sont efficaces que lorsqu'ils sont chauds, au bout de 15 km. Les petits trajets en auto polluent énormément !

Des voitures électriques ou hybrides (moitié essence, moitié électrique) ont été mises au point.

Pour les petits trajets, préférer le vélo, la trottinette ou… les pieds !

En ville, utiliser les transports en commun, et préférer le covoiturage aux trajets en solitaire. Et pour les très longs trajets, prendre le train à la place de l'avion, il pollue moins !

Essayer de produire moins de déchets, par exemple en apprenant à cuisiner les épluchures (bien fait, c'est très bon, promis !).

Éviter d'acheter des objets fabriqués ou des produits cultivés à l'autre bout du monde, qui ont pris le bateau ou l'avion et plein de camions pour arriver !

L'EAU QUE TU BOIS

La Terre est surnommée la « planète bleue ». Mais elle est surtout riche en eau salée. L'eau douce, non salée, est rare et précieuse. Pourtant, nous polluons ce trésor indispensable à la vie, et nous le gaspillons !

Des plantes qui transpirent, des mers et des océans qui s'évaporent sous les rayons du soleil. Cette eau s'accumule dans les nuages, puis retombe sur terre sous forme de pluie. La pluie alimente les rivières, les fleuves, les lacs et s'infiltre dans le sol pour former des réserves d'eau souterraines : les nappes phréatiques. C'est là que l'on puise l'eau du robinet.

Dans les montagnes, elle rejaillit parfois en sources et torrents.

On utilise trop d'engrais chimiques pour cultiver les champs. Ils sont entraînés par la pluie vers les mares et les rivières, ou s'infiltrent sous terre : là, ils contaminent les nappes phréatiques.

Dans les grands élevages de porcs, on place l'urine et les excréments des cochons dans des fosses sous terre. Souvent, elles fuient ou débordent… jusque dans le ruisseau ! Quand il pleut sur une décharge à ciel ouvert, la pluie entraîne d'autres déchets sous terre. L'eau qui ruisselle entraîne ces saletés vers les cours d'eau et les nappes phréatiques.

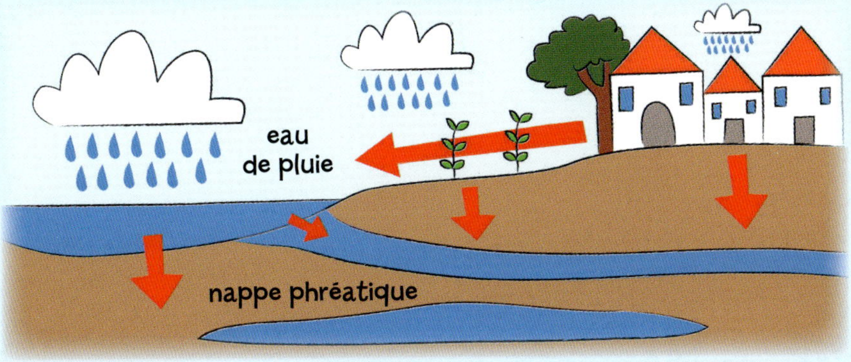

Enfin, nous aussi, nous polluons l'eau en faisant la vaisselle, la lessive… ou en allant aux toilettes !

Dans les pays riches, oui ! L'eau puisée dans les nappes phréatiques est nettoyée avant d'être envoyée vers les robinets.

Les eaux sales qui sortent de nos maisons et de nos usines passent aussi par des stations d'épuration, où elles sont purifiées avant d'être rejetées dans les rivières.

Oui, dans de nombreux pays pauvres, il n'existe pas de station d'épuration ni d'accès à l'eau potable. Beaucoup de gens en meurent.

Certaines régions du monde, manquent d'eau. Et le problème, c'est que nous en utilisons de plus en plus ! Or, 1 goutte d'eau rejetée dans une rivière met 1000 ans pour revenir dans une nappe phréatique. Nos réserves s'épuisent.

Comment moins gaspiller l'eau ?

- En fermant le robinet quand il le faut !
- En prenant une douche, à la place d'un bain.
- En réutilisant l'eau de pluie ou de lavage des légumes pour arroser les fleurs.
- En ne gaspillant pas la nourriture ou les choses en général, car il faut de l'eau pour tout produire !

Combien d'eau il faut pour fabriquer ces objets ?

Une pomme : 70 litres

Un verre de lait : 200 litres

1 kg de sucre : 400 litres

Un steak haché : 2 400 litres

Un t-shirt : 20 000 litres

Et comment moins la polluer ?

En utilisant des produits ménagers écologiques, ou en les fabriquant soi-même à partir d'ingrédients naturels.

En se lavant avec des savons tout simples plutôt que des gels douches parfumés qui ne sont pas bons pour l'eau !

En portant moins de vêtements en tissu synthétique : au lavage, ils libèrent des micro-plastiques qui partent dans les tuyaux et polluent l'eau.

LE SOL QUI TE NOURRIT

C'est le sol qui fait pousser les plantes, indispensables à l'équilibre de la vie sur Terre et à notre survie. Mais ce sol est fragile. Pour rester fertile, il ne doit pas être maltraité...

Pour être fertile, le sol doit être riche en humus, une terre noire et humide qui fait pousser les plantes en les nourrissant par leurs racines. Certains sols sont pauvres en humus ou n'en contiennent pas du tout : le sable du désert par exemple !

Les insectes, les vers et toutes les petites bêtes qui vivent dans le sol ! Ils grignotent les feuilles mortes, les débris végétaux et les cadavres des animaux. En les digérant, ils les transforment en humus.

On leur en demande trop ! Dans de nombreux pays, on a créé d'immenses champs où l'on cultive toujours les mêmes plantes au même endroit, en ressemant aussitôt après la récolte. Il n'y a plus assez d'humus et le sol est épuisé !

On est obligé de le gaver d'engrais chimiques, pour le doper. Mais ces engrais polluent le sol.

On arrose aussi les champs avec des pesticides. Ces produits empoisonnent les mauvaises herbes et les parasites qui nuisent aux cultures. Le problème, c'est qu'ils tuent aussi les bestioles qui fabriquent l'humus !

Des campagnes sans vie : les oiseaux, qui mangent les insectes empoisonnés, meurent eux aussi. En plus, les fruits, les légumes, les céréales que l'on mange contiennent encore des traces de pesticides et nous empoisonnent lentement !

Aujourd'hui, de plus en plus d'agriculteurs ont décidé de...

...laisser à la terre le temps de se reposer et replanter des haies entre leurs champs pour faire revenir les insectes et les oiseaux.

...remplacer les engrais chimiques par des engrais naturels (trèfle, fumier...) et utiliser des méthodes biologiques plutôt que des pesticides.

Pour faire bouger les choses à notre échelle, nous avons tous un grand moyen d'action : mieux manger !

Dis à tes parents d'acheter des légumes ou des fruits « bio ». Méfie-toi des fruits tout beaux et brillants : après la récolte, ils sont aspergés de produit chimique, pour paraître plus appétissants.

Même si tu dois manger un peu moins de viande, demande à tes parents qu'elle vienne d'un élevage artisanal ou bio. Même chose pour les œufs bio. Les animaux sont mieux traités dans ces élevages.

Méfie-toi du jambon rose bonbon. Il contient des sels de nitrate : un produit qui n'est pas très bon pour la santé !

Le lait bio ne contient pas les médicaments et antibiotiques dont on gave habituellement les vaches pour qu'elles donnent toujours plus de lait.

Mange des fruits et des légumes de saison. Non, les fraises ne poussent pas en hiver... à part si elles sont cultivées avec des engrais chimiques dans des serres chauffées à l'électricité !

DES POUBELLES QUI DÉBORDENT

Aujourd'hui, par leurs activités, les êtres humains produisent plus de déchets qu'autrefois, et beaucoup d'entre eux ne sont pas naturels. Certains sont même un poison pour la nature.

C'est ce qui est fait de matière vivante. Un trognon de pomme, par exemple. Si on le jette dans la nature, il va pourrir vite, en 1 à 5 mois, et enrichir la terre. On dit qu'il est biodégradable. La plupart des autres objets ne le sont pas. Ils s'abîment lentement, en se dispersant dans la nature.

Regarde le temps que chaque objet met à disparaître !

Un chewing-gum : 5 ans

Une canette : 200 ans

Un sac en plastique : 450 ans

Une barquette en polystyrène : 1 000 ans

Une bouteille de verre : 4 000 ans

Si on les trie correctement, une partie est recyclée : c'est-à-dire réutilisée pour fabriquer des choses nouvelles. Le reste est brûlé dans une usine d'incinération.

On les réutilise pour fabriquer du ciment ou du goudron : nos routes et nos trottoirs sont faits avec des restes de nos poubelles !

Non, car il existe des déchets toxiques, faits de matières dangereuses. Si on les brûle, les fumées produites sont empoisonnées. C'est le cas par exemple...

d'un pneu

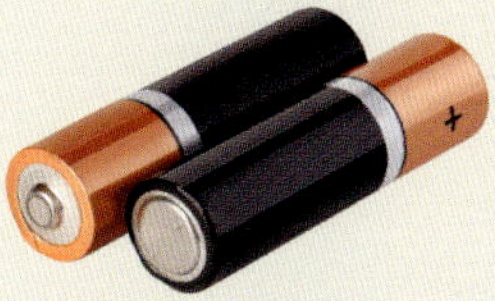

d'une pile

des déchets chimiques des usines

ou d'une barquette en plastique !

Jetés au bon endroit, certains peuvent être recyclés. Mais d'autres sont impossibles à éliminer. Alors on les enfouit, dans des cuves, sous terre. Et on les oublie !

D'abord, parce que certaines personnes jettent leurs détritus n'importe où ! Parfois aussi, les poubelles débordent. Les objets légers s'envolent avec le vent.

Dans les pays pauvres, c'est pire. Il n'y a pas d'éboueurs ou d'usine de traitement des déchets. Ils s'accumulent dans des décharges à ciel ouvert.

Chez nous, ces décharges sauvages sont interdites. Mais des gens malhonnêtes continuent de jeter en pleine nature.

Oui ! Ces déchets polluent le sol, les cours d'eau et toutes les plantes alentour. Picorés par les oiseaux, ils s'accumulent dans leur ventre car ils ne peuvent pas être digérés. Ils les font mourir !

Le plastique n'existait pas avant. Il est entré dans nos vies à l'époque de tes grands-parents. Aujourd'hui, tout est emballé dans du plastique ! On jette la plupart de ces emballages à la poubelle car ils ne se recyclent pas.

Ou bien, on les trie mal. Les usines reçoivent tous les jours des tonnes de plastiques mélangés et sales. Il y en a trop ! Alors on les envoie vers des pays pauvres situés à l'autre bout de la Terre par cargos entiers.

Le plus gros est brûlé, ou stocké dans des décharges à ciel ouvert. Puis ils atterissent dans l'océan et finissent par former de véritables îles de déchets. Les animaux marins s'étouffent en les avalant et le fond des mers est une poubelle !

Le plus urgent, c'est de réduire la taille de nos poubelles. Pour produire moins de déchets, on peut arrêter d'acheter des produits avec plein d'emballages !

En achetant les choses en vrac quand c'est possible, plutôt que tout en mini-sachets ! Par exemple, une gourde réutilisable, plutôt qu'une mini-bouteille !

En prenant son poulet chez le boucher plutôt qu'au supermarché. Et hop : une barquette et un film plastique en moins !

En disant non aux pailles, aux gobelets et aux couverts en plastique. Ils vont être interdits en Europe d'ici 2021.

En faisant du compost. Ça fait pousser les plantes et dégonfler la poubelle.

En essayant de réparer au lieu de jeter, ou en récupérant ces objets pour en faire des bricolages utiles et rigolos ! En donnant nos vieux objets à des associations qui les réparent et les recyclent.

En apprenant à bien trier et à jeter les choses au bon endroit, on aide le recyclage et on pollue moins.

Les piles sont toxiques. Il faut les jeter dans une poubelle spéciale au magasin. Pareil pour les ampoules grillées !

Le verre se recycle à l'infini !
Le métal, le carton, le papier, les bouteilles en plastique se recyclent aussi, plusieurs fois.

Les vieux médicaments et les restes de crèmes solaires se rendent à la pharmacie !

Xn - Nocif

N - Dangereux pour l'environnement

F - Facilement inflammable

Tout ce qui porte un de ces logos doit être rendu au magasin qui l'a vendu ou déposé à la déchèterie. Toi, n'y touche pas !

DES ÉNERGIES À NE PAS GASPILLER

Une énergie, c'est ce qui fait fonctionner un moteur, un radiateur, un four, une ampoule... On en consomme beaucoup tous les jours. Peut-être un peu trop ?

Les voitures brûlent de l'essence, fabriquée à partir de pétrole. Les lampadaires et les feux fonctionnent à l'électricité. L'hiver, de nombreux immeubles sont chauffés par des chaudières qui brûlent du fioul, un produit dérivé du pétrole.

Le pétrole, le gaz, et le charbon sont des énergies fossiles : on les trouve sous terre. Elles sont le reste d'animaux et de plantes morts il y a des millions d'années. Une fois qu'on aura vidé les réserves, il n'y en aura plus.

Les extraire du sol, les transporter à travers le monde, les transformer en carburant et les brûler pollue beaucoup la planète.

Avant, on le faisait seulement de trois façons différentes...

En brûlant du charbon, du pétrole ou du gaz dans des centrales thermiques, qui polluent.

En chauffant de l'uranium, un métal spécial, dans des centrales nucléaires qui créent des déchets radioactifs, très dangereux pour la santé.

Grâce à la force de l'eau, en construisant des barrages qui modifient le cours des rivières et perturbent la vie des animaux et des plantes aux alentours.

Aujourd'hui, pour produire l'électricité, on utilise de plus en plus des énergies renouvelables, qui ne risquent pas de s'épuiser et préservent les ressources de la planète. En voici quelques exemples.

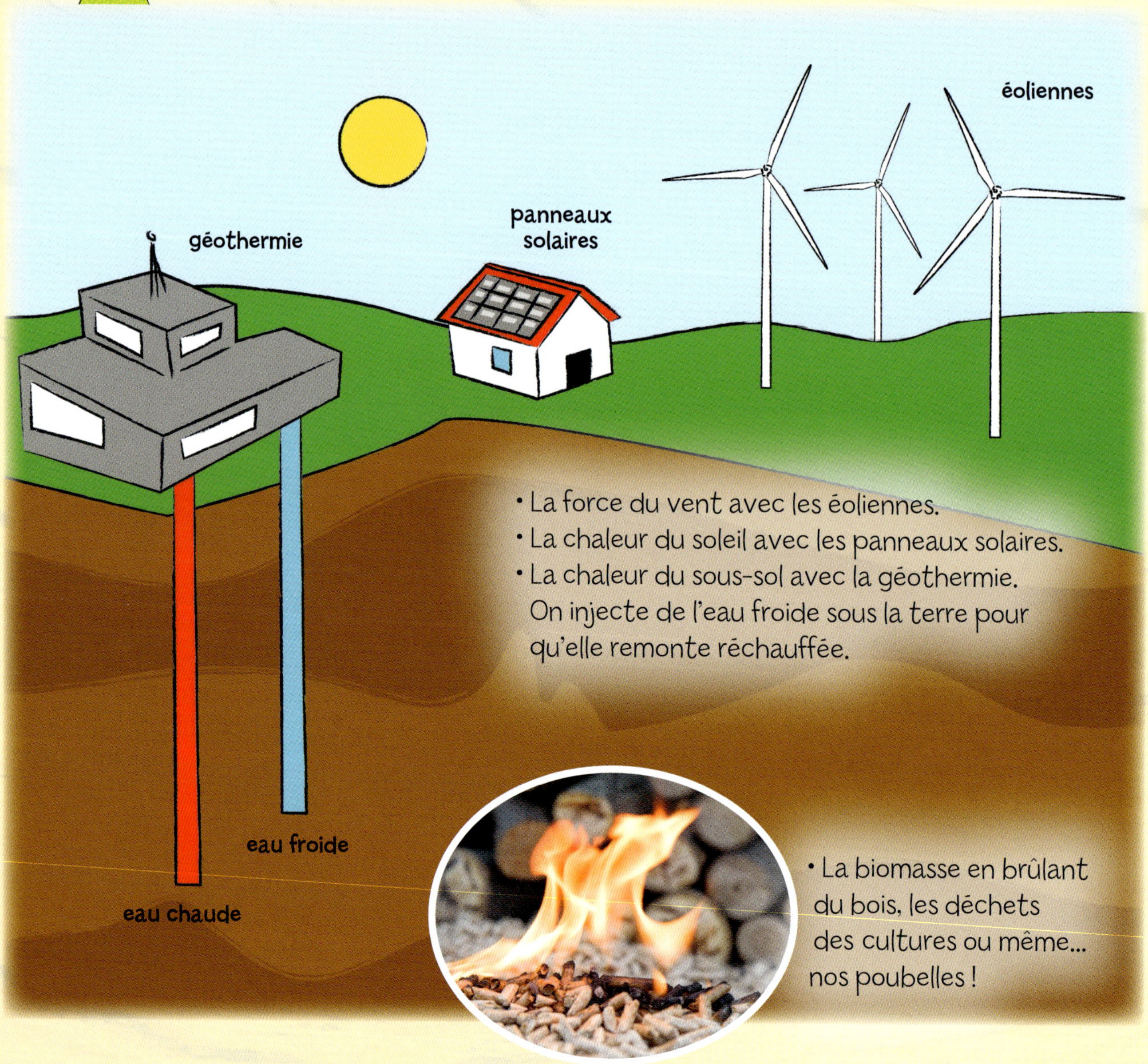

- La force du vent avec les éoliennes.
- La chaleur du soleil avec les panneaux solaires.
- La chaleur du sous-sol avec la géothermie. On injecte de l'eau froide sous la terre pour qu'elle remonte réchauffée.
- La biomasse en brûlant du bois, les déchets des cultures ou même... nos poubelles !

Certaines sont gênantes : les éoliennes par exemple font du bruit, prennent de la place et perturbent le vol des oiseaux. On ne peut pas en installer partout !

Cela coûte de l'argent et prend du temps de tout changer. Mais on fait des progrès. Dans de nombreuses villes aujourd'hui apparaissent des éco-quartiers où les immeubles sont construits en matériaux plus naturels et chauffés de manière écologique.

Il y a plein de petits gestes qui permettent d'économiser l'énergie. Par exemple, tu peux…

Mettre une robe de chambre, un pull ou des chaussettes, et baisser un peu le chauffage à l'intérieur de la maison.

Ne pas laisser le frigo ouvert trop longtemps : le froid part dehors ! Ni la fenêtre, en hiver : la chaleur s'échappe.

Demander à tes parents de ne pas laisser leurs chargeurs sur la prise, quand ils n'en ont plus besoin, ou leurs appareils en veille.

Demander à tes parents d'installer ton bureau près d'une fenêtre, pour éviter d'allumer trop souvent la lumière et profiter du jour.

UNE NATURE À PROTÉGER

Partout sur Terre, les espaces naturels reculent. Routes, maisons, magasins envahissent nos paysages. Ailleurs, les forêts tropicales disparaissent. Et si nous arrêtions le massacre ?

En plus de fabriquer de l'oxygène et de servir d'abri aux animaux, les plantes rendent le climat plus doux. Leurs racines fixent le sol. Leurs feuilles nourrissent la terre et font obstacle au vent, à la pluie et aux inondations.

On en prend soin, mais il y a peu de forêts sauvages. Dans beaucoup, on ne plante qu'une seule espèce d'arbre, pour fabriquer du papier avec leur bois.

Nos villes n'arrêtent pas de s'étendre. On remplace les prés, les petits bois par d'immenses banlieues et zones commerciales. On construit des routes partout : les arbres sont arrachés, la terre aplatie et couverte de bitume.

Dans le Sud, plus on appauvrit la végétation, plus l'air devient sec. Les incendies se propagent plus facilement.

En montagne, on coupe les arbres pour installer des pistes de ski. Plus rien ne fait obstacle aux avalanches.

En cas de forte pluie, l'eau ruisselle sur le bitume ou la terre sèche. Les buissons ne bloquent plus les rivières en crue. Il y a davantage d'inondations !

Au bord de la mer, les côtes bétonnées sont grignotées par les vagues. Et quand il pleut, des coulées de boue peuvent dévaler sans retenue sur les maisons !

C'est quand on abat des arbres de la forêt. En 2018, 12 millions d'hectares de forêt tropicale ont disparu dans le monde soit 45 000 terrains de foot par jour !

En y mettant le feu : d'immenses incendies se propagent. Ils polluent l'atmosphère de leurs fumées. Ou bien on s'y attaque au bulldozer !

Ces jungles contiennent des milliers d'espèces de plantes et d'animaux uniques au monde. En plus, elles sont les poumons de la planète. Elles influencent notre climat.

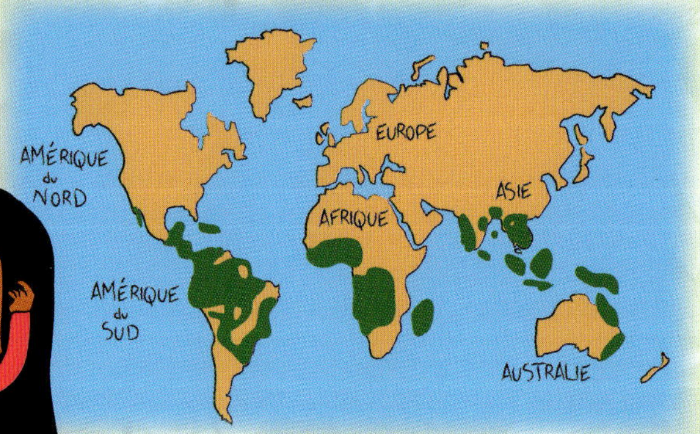

Oui. C'est la plus grande jungle du monde. Mais il en existe d'autres, en Afrique et en Asie, qui sont aussi menacées.

Les habitants pauvres en coupent des portions pour se fournir en bois et cultiver à la place de petits champs afin de se nourrir.

Mais une grande partie est détruite par de nombreuses sociétés, pour :

Cultiver des palmiers : leurs noix fournissent de l'huile de palme, qu'on utilise pour fabriquer du carburant et plein de produits que l'on trouve au supermarché.

Installer des fermes géantes : la viande des vaches sert à faire les steaks servis dans les fast-foods et vendus en supermarchés !

Chercher de l'or ou des minerais précieux, sous terre : pour les trouver, on utilise du mercure, un poison qui tue les plantes et rend malade les rivières.

Tu peux par exemple arrêter d'acheter des produits contenant de l'huile de palme. On en trouve surtout dans les pâtes à tartiner, les biscuits, même salés, les chocolats et même dans nos produits de beauté ! Demande à tes parents de lire les étiquettes !

Aller moins souvent ou plus du tout au fast-food !

Participer à des opérations de nettoyage de la nature.

Respecter les espaces naturels quand tu te balades en restant sur les sentiers balisés pour ne pas risquer de piétiner des plantes fragiles.

Éviter de cueillir les fleurs quand tu te promènes : beaucoup d'entre elles sont protégées.

Quand on détruit la nature, ils sont les premières victimes. Beaucoup d'espèces sont aujourd'hui menacées. Les savants tirent la sonnette d'alarme : nous devons penser à eux !

Des animaux ont déjà disparu par le passé. C'est le cas du dodo, sur l'île Maurice, disparu depuis 1681. Aujourd'hui, un grand nombre d'espèces risquent de s'éteindre. Il faut agir !

Souvent, c'est parce qu'on détruit leur habitat : le lieu où ils vivent. En voici trois en grave danger, mais il y en a plein d'autres malheureusement...

LE PANDA

Il est mieux protégé qu'autrefois mais toujours menacé : en Chine, de nombreuses forêts de bambous, où il trouvait abri et nourriture, ont été rasées.

L'ORANG-OUTAN

Il habite les forêts d'Indonésie, que l'on brûle pour cultiver l'hévéa, un arbre qui produit le caoutchouc avec lequel on fabrique les pneus de nos voitures.

LE JAGUAR

Comme le tigre en Asie, ce magnifique félin d'Amazonie ne sera bientôt plus qu'un souvenir si on continue à brûler la jungle et à le chasser pour son pelage.

Ce sont des bandits. En Afrique, ils tuent le rhinocéros pour sa corne, l'éléphant pour ses défenses, et les revendent ensuite très cher.

Ils capturent des bébés, pour les revendre, en les séparant de leur maman ! Beaucoup de gros et petits animaux (poissons, oiseaux...) sont ainsi tués ou capturés et vendus illégalement. C'est le troisième trafic qui génère le plus d'argent au monde !

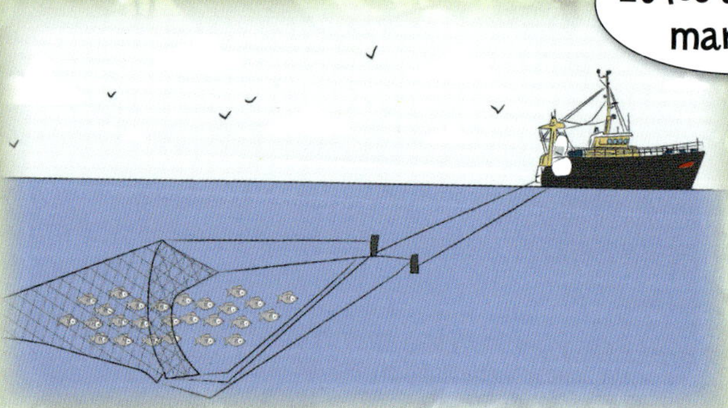

On pêche trop de poissons aujourd'hui. En plus, d'autres animaux sont blessés en se faisant capturer avec eux dans des filets géants. Les pétroliers provoquent aussi des marées noires : oiseaux, tortues, dauphins se retrouvent englués.

Les bruits de nos bateaux désorientent les cétacés, qui s'échouent sur les plages.

Partout, nos routes coupent le territoire des animaux sauvages. Ils risquent leur vie à chaque fois qu'il faut traverser. Et le bruit de nos villes les dérange.

Par exemple, les oiseaux ne s'entendent plus chanter et ont du mal à attirer un partenaire !

Et nos animaux domestiques les chassent sans relâche !

Bien sûr ! Des associations existent et des réserves sont créées pour leur donner un habitat tranquille. Depuis 2018, en France, les abeilles sont mieux protégées.

Tu peux installer un tas de bois dans ton jardin : des bébêtes viendront y hiberner ! Ou tu peux laisser un coin sauvage, où la nature pourra faire ce qu'elle veut !

Tu peux t'engager dans une association qui vient en aide aux animaux en danger !

LA TERRE A BEAUCOUP TROP CHAUD !

Depuis 150 ans, la température sur Terre augmente, et de plus en plus vite. Ce réchauffement dérègle le climat et bouleverse la vie dans de nombreuses régions. Mais nous pouvons agir !

Oui. Dans nos régions tempérées, le réchauffement climatique provoque des pluies de plus en plus fortes à certaines saisons. Et donc... des inondations !

Nos activités rejettent dans l'air trop de fumées et de gaz. Ils forment un couvercle au-dessus de la Terre : en-dessous, il fait chaud comme dans une serre. C'est pourquoi on les appelle « gaz à effet de serre ».

Le gaz carbonique produit par nos moteurs et chaudières est le principal responsable !

Mais il y a aussi... Le méthane : c'est-à-dire les prouts des vaches. On élève trop d'animaux !

Le dioxyde d'azote, libéré par les engrais chimiques déversés dans les champs.

Non, cela s'est déjà produit à l'époque des dinosaures (les volcans entraient souvent en éruption) : il régnait alors partout un climat tropical, même en Antarctique !
À l'époque, la nature a eu le temps de s'y adapter.
Aujourd'hui, c'est trop rapide !

La chaleur fait fondre la banquise des pôles et les glaciers des montagnes. Certains animaux perdent leur habitat !

En fondant, les glaces se transforment en eau : le niveau des océans monte sur les côtes. Plein de petites îles risquent de disparaître.

Non, l'eau des océans se réchauffe aussi. Certains animaux n'y sont pas adaptés, comme le corail, qui se dégrade. Les petits poissons n'ont plus de maison !

Quand les mers sont trop chaudes, cela donne aussi des cyclones ! Il y a des tempêtes, des tornades ou des déluges de pluie à certains endroits de la planète...

... tandis que dans d'autres régions, il ne pleut plus du tout : le désert avance.

En 2015, de nombreux pays se sont mis d'accord pour produire moins de gaz à effet de serre. Ils en ont fait la promesse, tous ensemble ! Cela veut dire que tout le monde va devoir changer sa façon de...

Circuler et se déplacer

Consommer et produire l'énergie

Manger et cultiver

Consommer les produits

Chacun de nos gestes a un impact sur la planète. Quand tes parents étaient petits, il y avait un énorme trou dans l'atmosphère parce qu'on utilisait des produits qui l'abîmaient. Puis on les a interdits. Donc oui, on peut changer les choses !

ET NOUS, LES ÊTRES HUMAINS ?

Comme les animaux et les plantes, nous faisons partie de la nature. Nous sommes des habitants de la planète Terre. Beaucoup d'entre nous souffrons quand elle va mal. L'écologie agit aussi pour le bien de tous les humains.

Dans un bidonville. Ici, pas d'eau du robinet ni d'électricité, pas d'éboueurs pour venir ramasser les déchets, les maisons sont faites de ferraille, de plastique, de carton. Ces habitations de fortune se multiplient aujourd'hui, autour des grandes villes.

Ils ont quitté leur région ou leur pays car ils ne trouvaient plus assez à manger : comme les animaux, leur habitat s'est appauvri. Ils se dirigent alors vers les grandes villes : ce sont les réfugiés climatiques

Dans de nombreux pays, même les enfants travaillent pour nourrir leur famille dans des conditions dangereuses pour leur santé et certains ne vont pas à l'école !

En prenant soin de la planète pour que tout le monde aille mieux.

En soutenant une association qui vient en aide aux populations dans le besoin, ici ou ailleurs dans le monde.

En n'achetant plus d'objets fabriqués dans des ateliers qui exploitent la nature et les gens !

Protégeons la Terre pour qu'elle reste la maison de tous les êtres vivants !